Valentina Kurscheid

Blitzrezepte für
Hunde-Smoothies

Liquid Snacks – gemixt, gekocht, in Tuben

Ulmer

Inhalt

Das Beste für meinen Hund

Es läuft ihr schon das Wasser im Maul zusammen, ihre Lefzen sind tropfnass, der Blick konzentriert auf Frauchen gerichtet: Labradoodle-Hündin Betty kann es kaum erwarten, dass ihr Frauchen endlich die Schüssel mit dem saftigen, lecker nach Fleisch duftenden Hunde-Shake auf den Boden stellt. Allein schon die Zubereitung war für Betty eine Geduldsprobe: Überall in der Küche diese leckeren Gerüche. Betty ahnte sofort, dass ihr Frauchen etwas für sie vorbereitet. Früher gab es nur die bröselnden, trockenen Hundekekse. Doch seit Frauchen ab und an Flüssigsnacks anbietet, wedelt Bettys Rute noch mehr vor Freude.

Jetzt wird sich gewiss manch ein Hundebesitzer fragen: „Flüssiger Hundesnack? Was soll das denn sein? Hunde brauchen doch etwas zum Nagen, zum Knabbern, zum Kauen!" Das ist in der Tat richtig, aber wer einmal seinem Vierbeiner zu Hause etwas gemixt, gerührt oder gekocht hat, wird schnell merken, dass solch ein Shake, eine Suppe oder ein Eintopf eine prima Alternative zu den herkömmlichen Leckerlis sind und dem Hund superlecker schmecken. Selbst bei Frauchen & Co. sind ja bereits seit Längerem Smoothies „in aller Munde".

In diesem Buch werden keine Rezepte für Hauptmahlzeiten vorgestellt, sondern Ideen für flüssige, cremige und geschmackvolle Snacks für zwischendurch. Ein Vorteil ist, dass Hunde mit dieser Kost hervorragend ihren täglichen Flüssigkeitsbedarf decken können, gerade dann, wenn sie zu wenig Wasser trinken. Nicht zu vergessen: Flüssignahrung ist ideal dosierbar und auch Senioren-Hunde kommen damit perfekt zurecht. Dem einen oder anderen älteren Kameraden fehlen ja oftmals schon ein paar Zähne. Aber auch Leistungssportler unter den Hunden erfreuen sich an den saftig-sämigen Happen. „Kraft mit Saft", das gilt auch für unsere Vierbeiner. Wer also seinem Vierbeiner etwas Schmackhaftes und gut Verdauliches kreieren möchte, ist hier genau richtig. Ob nun Fleischiger Erbsen-Kartoffel-Eintopf, cremiger Hühner-Käse-Shake oder leichter Leber-Kräuter-Smoothie: Für jeden Hunde-Geschmack ist etwas dabei. Dazu gibt es natürlich reichliche Variationsmöglichkeiten. Die Zutaten sind im Supermarkt oder in Bioläden erhältlich. Und bitte dabei immer auf tiergerechte Haltung achten, denn der Tierschutzgedanke sollte auch bei Hundesnacks nicht außer Acht gelassen werden.

Zahlreiche Testfresser haben die Rezepte ausprobiert und allem Augenschein nach für tierisch lecker befunden. Also: Ab in die Küche, den Mixer aus dem Schrank holen, die Töpfe auf den Herd stellen und einfach mal loslegen. Glückliches Schlabbern garantiert!

Flüssigsnacks aus der Tube sind tierisch lecker!

Gemixt und gerührt: Frische **Dog-Shakes**

Purer **Rindfleisch-Shake**

Zutaten

200 *g Rindfleisch*

2 *EL Leberwurst*

1 *Handvoll Gartenkräuter*

1 *TL Distelöl*

200 *ml Leitungswasser*

Mhmm, was **zum Schlabbern ... Lecker!**

So geht's

1. Rohes Rindfleisch in Stücke schneiden.
2. Rindfleischstücke, Leberwurst, Öl und Wasser in den Mixer geben und mit einem Löffel grob vermischen.
3. Gartenkräuter hinzufügen.
4. Alles auf höchster Stufe mixen.
5. Shake in eine Schüssel geben und dem Hund zum Schnabulieren anbieten.

Die Zutaten reichen für zwei Portionen für einen mittelgroßen Hund.

Alternative

- *Anstatt eines Mixers können Sie natürlich auch einen Mix-Stab verwenden.*
- *Wenn Ihr Hund gerne Leberwurst mag, können Sie die Menge erhöhen.*

Aufbewahrung

- *Reste im Kühlschrank ein bis zwei Tage zugedeckt aufbewahren, auch einfrieren ist möglich.*

Kerniger **Puten-Mohrrüben-Smoothie**

Zutaten

200	*g Putenfleisch*
2	*Mohrrüben*
3	*EL grobe Haferflocken*
150	*g Joghurt*
1	*EL Distelöl*
½	*l Leitungswasser*

So geht's

1. Rohes Putenfleisch in Stücke schneiden.
2. Mohrrüben vierteln.
3. Mohrrübenstücke, Haferflocken, Joghurt, Öl und das Wasser in den Mixer geben und mit einem Löffel grob vermischen.
4. Alles auf höchster Stufe mixen.
5. Putenfleischstücke zuletzt hinzufügen (nicht mehr mixen).
6. Smoothie in eine Schüssel geben und dem Hund zum Verzehren anbieten.

Die Zutaten reichen für drei bis vier Portionen für einen mittelgroßen Hund.

Aufbewahrung

- *Reste im Kühlschrank ein bis zwei Tage zugedeckt aufbewahren, auch einfrieren ist möglich.*

Fütterungstipp

- *Zwei, drei Putenfleischstücke können Sie Ihrem Liebling gerne auch während des Vorbereitens direkt als Snack verfüttern.*

Wasser zum Trinken

Auch wenn Ihr Hund jeden Tag ein bis zwei Shakes oder Smoothies zu trinken bekommt, muss stets frisches, kühles Wasser für ihn bereitstehen.

Grüner **Lamm-Kartoffel-Saft**

Zutaten

200 *g Lammfleisch*

4 *kleine Kartoffeln*

4 *EL Erbsen (frisch oder tiefgefroren)*

½ *Zucchini*

1 *EL Leberwurst*

1 *Handvoll frische Petersilie*

1 *EL Joghurt*

1 *TL Olivenöl*

200 *ml Leitungswasser*

So geht's

1. Kartoffeln kochen.
2. Tiefgekühlte Erbsen kurz in heißem Wasser auftauen.
3. Rohes Lammfleisch in Stücke schneiden.
4. Zucchini und gekochte Kartoffeln klein schneiden.
5. Lamm-, Kartoffel- und Zucchinistücke, Erbsen, Leberwurst, Petersilie, Joghurt, Öl und das Wasser in den Mixer geben und mit einem Löffel grob vermischen.
6. Alles auf höchster Stufe flüssig pürieren.
7. Saft in eine Futtertube geben und den Hund schlabbern lassen.

Die Zutaten reichen für zwei bis drei Portionen für einen großen Hund.

Alternative

- *Wer keinen Joghurt vorrätig hat, kann auch Magerquark verwenden.*

Aufbewahrung

- *Reste im Kühlschrank ein bis zwei Tage zugedeckt aufbewahren, auch einfrieren ist möglich.*

Hündin Nala **liebt die saftigen Snacks.**

Spezial

Athletic and busy

Shakes für sportliche Hunde und zum Belohnen

Flüssigsnacks sind in der Hundewelt bisher noch nicht sehr verbreitet, dabei sind sie eine wertvolle Zwischenmahlzeit und sehr schnell zubereitet. Hier wird kein aufwendiger Teig hergestellt, der zuerst in den Backofen kommt, und dann muss sich der Hund wieder gedulden, weil seine Hundekekse erst einmal die richtige Fresstemperatur erreichen sollen. Welches Durchhaltevermögen hier gefragt ist: Für Vierbeiner und Besitzer zugleich! Bei den Shakes beispielsweise aber kommen einfach alle Zutaten in den Mixer und schon ist der Flüssigsnack zum Schnabulieren bereit. Und dies ist keine neue Erfindung. Fragen Sie doch mal Ihren Tierarzt, was er von breiartigen Hunde-Leckerchen hält. Gerade sportlichen Hunden oder Vierbeinern, die Hochleistungssport betreiben, empfehlen Tierärzte sogar viel Flüssigkeit. Und da kommen als Belohnung ein energiereicher Smoothie, ein kraftvoller Saft oder auch eine gehaltvolle Hundesuppe gerade recht.

Nala ist sportlich und im besten Alter.

Welches Fleisch ist empfehlenswert?

Der Hauptbestandteil der Rezepte hier im Buch ist Fleisch: Pur, püriert oder gekocht. Doch Vorsicht: Reine Fleischfütterung ist für Hunde gesundheitsschädlich. Es führt zu Mineralstoffmangel und kann sogar Gelenksschäden, Knochenbrüche und Hautkrankheiten verursachen. Deswegen beinhalten die Rezepte viele weitere Zutaten. Und wie sieht es mit rohem Fleisch aus? Puten-, Lamm,- Hühnchen-, Wild- und Rindfleisch sind grundsätzlich zu empfehlen, am besten Bio-Ware. Aber bitte beachten Sie: Dem Hund auf gar keinen Fall rohes Schweinefleisch anbieten! Dieses kann den sogenannten Aujeszky-Virus enthalten. Menschen sind für diesen Virus nicht empfänglich, aber vor allem Hunde und Katzen. Die Aujeszky-Krankheit wird auch Pseudowut (Tierseuche) genannt, da das angesteckte Tier tollwutähnliche Symptome aufweist. Die Krankheit endet meistens tödlich.

Kräuter kommen mit hinein

Nicht jeder Hund mag frische Kräuter, doch in Shakes und Suppen gemischt, werden sie ganz gerne gefuttert. Die Küchenkräuter, die wir gerne selbst verwenden, sind eigentlich auch die beliebtesten Hundekräuter. Hier ein paar Beispiele:

- *Kresse*
- *Petersilie*
- *Basilikum*
- *Minze*
- *Kamille*

In freier Natur finden Sie beispielsweise auch Gänseblümchen, Brennnessel und Löwenzahn. Auch diese Kräuter sind auf alle „Felle“ gesund und peppen die Snacks prima auf.

Schmackhaft und gesund: Kräuter für den Hund.

Belohnung mit einer lecker gefüllten Futtertube.

Als Belohnung

Alle Snacks, die hier im Buch vorgestellt werden, sind als kleine Zwischenmahlzeiten gedacht, also auf keinen Fall als Hauptmahlzeit. Somit die Menge jeweils von der täglichen Futterration abziehen. Ansonsten wird Ihr Hund zu dick. Bitte achten Sie auch täglich auf ausreichende Bewegung. Dabei gilt: Nicht einfach nur eine Runde spazieren gehen, sondern den Hund beim Gassi gehen zwischendurch immer wieder geistig beschäftigen und dann dafür honorieren. Fordern Sie Ihren Liebling beispielweise auf, den Grundgehorsam wie „Sitz", „Platz", „Steh" und „Bleib" zu wiederholen und vor allem zu beherrschen. Als Belohnung erhält er dann einen leckeren Snack. Nun fragen Sie sich sicherlich, wie denn ein Flüssigsnack unterwegs verabreicht werden kann. Im Fachhandel gibt es speziell dafür Futtertuben oder Futterroller, mit denen der Belohnungshappen perfekt dosiert gefüttert werden kann.

Aufbewahren der Flüssigsnacks

Zum Aufbewahren für zwei bis drei Tage ist der Kühlschrank perfekt. Sie können gerne auch auf Vorrat zubereiten und dann die flüssigen Leckerbissen in dicht verschlossenen Plastikschüsseln oder Gefrierbeuteln einfrieren. Bevor der Hund die Snacks trinkt, sollten sie komplett aufgetaut sein und am besten Zimmertemperatur erreicht haben. Dies ist zum einen magenschonender und angenehmer für Ihren Liebling, zum anderen entfalten sich dann erst die Gerüche, und die Zutaten schmecken intensiver.

Flüssigsnacks halten Berta (15) fit.

Fruchtige **Hackfleisch-Nudel-Mousse**

Zutaten

250 *g Rinderhackfleisch*

1 *Handvoll Nudeln*

½ *Banane*

1 *EL Leberwurst*

1 *EL Joghurt*

1 *Ei*

1 *Handvoll frisches Basilikum*

1 *TL Leinöl*

200 *ml Leitungswasser*

So geht's

1. Nudeln kochen.
2. Rinderhackfleisch, gekochte Nudeln, Banane, Leberwurst, Joghurt, aufgeschlagenes Ei, Basilikum, Öl und Wasser in den Mixer geben und mit einem Löffel grob vermischen.
3. Alles auf höchster Stufe sämig mixen.
4. Mousse in eine Schüssel geben und den Hund genießen lassen.

Die Zutaten reichen für zwei bis drei Portionen für einen großen Hund.

Alternative

- *Wenn Ihr Hund gerne Äpfel mag, dann können Sie diesen klein geschnitten ebenfalls in den Mixer geben.*
- *Anstatt Basilikum können Sie auch Petersilie oder andere frische oder tiefgefrorene Gartenkräuter verwenden.*

Aufbewahrung

- *Reste im Kühlschrank ein bis zwei Tage zugedeckt aufbewahren, auch einfrieren ist möglich.*

Weder Trauben noch Rosinen
Bitte niemals Ihrem Hund Weintrauben oder Rosinen zum Fressen anbieten. Diese wirken toxisch und können zu Erbrechen, Magenkrämpfen, Durchfall bis hin zu Nierenversagen führen.

Gehaltvoller **Hühner-Reis-Drink**

Zutaten

200	*g Hühnerfleisch*
100	*g Geflügelfleischwurst*
2	*EL gekochten Reis*
½	*Mohrrübe*
3	*EL Hüttenkäse*
1	*Ei*
1	*TL Distelöl*
200	*ml Leitungswasser*

So geht's

1. Reis kochen.
2. Hühnerfleisch in Stücke schneiden.
3. Geflügelwurst in kleine Würfel schneiden.
4. Mohrrübe klein raspeln.
5. Halbe Portion gekochten Reis, Hüttenkäse, aufgeschlagenes Ei, Öl und das Wasser in den Mixer geben und alles auf höchster Stufe flüssig mixen.
6. Dann noch die andere Hälfte Reis, die Hühnerfleischstücke, die Fleischwurst und die geraspelte Mohrrübe hinzufügen und untermischen.
7. Drink in eine Schüssel geben und den Hund schlabbern lassen.

Die Zutaten reichen für drei bis vier Portionen für einen mittelgroßen Hund.

Alternative

- *Anstatt des Reises können Sie auch Nudeln nehmen.*

Aufbewahrung

- *Reste im Kühlschrank ein bis zwei Tage zugedeckt aufbewahren, auch einfrieren ist möglich.*

Gemüse wertet **die fleischigen Drinks auf.**

Leichter **Leber-Kräuter-Smoothie**

Zutaten

350 *g Hähnchenleber*

½ *Mohrrübe*

2 *EL Magerquark*

2 *EL Joghurt*

1 *Handvoll Petersilie*

1 *TL Fischöl*

200 *ml Leitungswasser*

So geht's

1. Rohe Hähnchenleber in Stücke schneiden.
2. Mohrrübe in kleine Stücke schneiden.
3. Hähnchenleber- und Mohrrübenstücke, Magerquark, Joghurt, Petersilie, Öl und das Wasser in den Mixer geben und mit einem Löffel grob vermischen.
4. Alles auf höchster Stufe flüssig pürieren.
5. Shake in einen Futterroller geben und den Hund daran schlecken lassen.

Die Zutaten reichen für drei bis vier Portionen für einen mittelgroßen Hund.

Alternative

- *Anstatt der Hähnchenleber können Sie auch andere rohe Geflügel-Innereien verwenden.*

Aufbewahrung

- *Reste im Kühlschrank ein bis zwei Tage zugedeckt aufbewahren, auch einfrieren ist möglich.*

Ein BISSchen mehr geht immer
Wenn Ihr Hund noch etwas zum Beißen möchte, können Sie die Hühnerleberstücke auch erst zum Schluss hinzufügen, also ungemixt.

Frischer **Gemüse-Hackfleisch-Brei**

Zutaten

200 *g Rinderhackfleisch*

1 *EL Leberwurst*

½ *Zucchini*

2 *EL Mais (aus der Dose)*

2 *EL Joghurt*

1 *Handvoll frischen Löwenzahn*

1 *TL Leinöl*

200 *ml Leitungswasser*

Gesunde Leckerei: Schwanzwedeln garantiert!

So geht's

1. Zucchini in Stücke schneiden.
2. Rinderhackfleisch, Leberwurst, Zucchinistücke, Mais, Joghurt, Löwenzahn, Öl und das Wasser in den Mixer geben.
3. Alles auf höchster Stufe grob anmixen.
4. Brei in eine Schüssel geben und den Hund genießen lassen.

Die Zutaten reichen für zwei bis drei Portionen für einen mittleren Hund.

Alternative

- *Anstatt des Hackfleisches können Sie auch andere rohe Fleischarten (außer Schweinefleisch) nehmen.*
- *Anstatt des Löwenzahns können Sie auch Petersilie oder Kresse verwenden.*

Aufbewahrung

- *Reste im Kühlschrank ein bis zwei Tage zugedeckt aufbewahren, auch einfrieren ist möglich.*

Variieren Sie die Zutaten

Falls Ihr Hund keinen Mais mag, können Sie stattdessen auch eine pürierte Mohrrübe oder Erbsen verwenden.

Cremiger **Hühner-Käse-Shake**

Zutaten

15	*Hühnerherzen*
100	*g Gouda-Käse*
2	*EL Joghurt*
1	*Ei*
1	*EL Leinöl*
300	*ml Leitungswasser*

So geht's

1. Gouda in Würfel schneiden.
2. Ganze Hühnerherzen, Käsewürfel, Joghurt, aufgeschlagenes Ei, Öl und das Wasser in den Mixer geben.
3. Alles auf höchster Stufe cremig mixen.
4. Shake in eine Schüssel geben und den Hund schnabulieren lassen.

Die Zutaten reichen für zwei bis drei Portionen für einen großen Hund.

Alternative

- *Sie können eine Handvoll Gartenkräuter hinzufügen oder auch gerne eine halbe Banane dazumixen.*

Aufbewahrung

- *Reste im Kühlschrank ein bis zwei Tage zugedeckt aufbewahren, auch einfrieren ist möglich.*

Berta springt schon vor Freude – sie liebt Shakes!

pulse/
clean
off
1
2
3
4

Gekocht und püriert: **Eintöpfe und Suppen**

Herzhafte **Mohrrüben-Fleischwurst-Suppe**

Zutaten

3	*Mohrrüben*
150	*g Geflügelfleischwurst*
1	*Handvoll Kresse*
1	*EL Distelöl*
½	*l Leitungswasser*

Kartoffeln oder Nudeln
Hier können Sie auch gerne noch eine Handvoll gekochte Nudeln oder zwei kleine gekochte Kartoffeln dazupürieren.

So geht's

1. Mohrrüben in kleine Stücke schneiden.
2. Fleischwurst klein schneiden und Kresse klein hacken.
3. 200 ml Wasser in einen Topf geben, Mohrrübenstücke hinzufügen, aufkochen und dann etwa 20 Min. weiter köcheln lassen.
4. Topf vom Herd nehmen, restliches Wasser und Öl hinzufügen und mit dem Mixstab im Topf pürieren. Dann lauwarm werden lassen.
5. Wurststücke und Kresse hinzufügen und dem Hund in einer Schüssel zum Trinken anbieten.

Die Zutaten reichen für drei bis vier Portionen für einen mittelgroßen Hund.

Alternative

- *Anstatt der Fleischwurst können Sie auch Hühnerherzen verwenden.*
- *Ohne die Fleischstücke können Sie selbst den Rest auch als leckere Mohrrübensuppe genießen. Salz und Pfeffer dazugeben und nach Geschmack einen Esslöffel Sahne: Guten Appetit!*

Aufbewahrung

- *Reste im Kühlschrank ein bis zwei Tage zugedeckt aufbewahren, auch einfrieren ist möglich.*

Tierisch lecker und gesund dazu!

Gesunde **Hühnerfleisch-Brühe**

Zutaten

- **1** *frischer Hähnchenschenkel oder ¼ Suppenhuhn*
- **2** *Mohrrüben*
- **1** *Stange Stauden-Sellerie*
- **½** *Zucchini*
- **1** *Handvoll Petersilie*
- **1** *TL Olivenöl*
- **1** *l Leitungswasser*

Nicht nur **für den Hund lecker: echte Hühnersuppe.**

So geht's

1. Mohrrüben, Sellerie und Zucchini in kleine Stücke schneiden.
2. Wasser in einen Topf geben, Gemüse, Petersilie, Öl und das Huhn hinzufügen und mit geschlossenem Deckel etwa 1 Stunde kochen.
3. Topf vom Herd nehmen, Huhn herausnehmen und abkühlen lassen.
4. Brühe durch ein Sieb in eine Schüssel gießen, ebenfalls abkühlen lassen.
5. Huhn (ohne Knochen und Fett) in kleine Stücke schneiden, zum Sud hinzufügen.
6. Hühnerfleisch-Brühe dem Hund in einer Schüssel zum Genießen anbieten.

Die Zutaten reichen für fünf bis sechs Portionen für einen mittelgroßen Hund.

Alternative

- *Sie können zur Gesamtmenge der Brühe einen halben Beutel gekochten Reis hinzufügen.*
- *Sie können das Gemüse pürieren und zum Sud hinzufügen.*

Aufbewahrung

- *Im Kühlschrank zwei bis drei Tage zugedeckt aufbewahren, auch einfrieren ist möglich.*

Leckere **Markknochen-Zucchini-Suppe**

Zutaten

2	*Markknochenstücke*
50	*g Geflügelfleischwurst*
½	*Zucchini*
1	*Handvoll Petersilie*
1	*Handvoll Basilikum*
2	*EL Joghurt*
1	*TL Leinöl*
1	*l Leitungswasser*

Markknochen am **besten in Bio-Qualität holen.**

So geht's

1. Zucchini in kleine Stücke schneiden.
2. Kräuter mit der Schere klein schneiden.
3. Wasser in einen Topf geben, Zucchini, Kräuter, und Markknochen hinzufügen und mit geschlossenem Deckel etwa 30 Min. kochen.
4. Topf vom Herd nehmen, Markknochen herausnehmen.
5. Suppe abkühlen lassen.
6. Joghurt und Öl mit dem Schneebesen cremig einrühren.
7. Geflügelwurst in kleine Stücke schneiden, in die Suppe geben.
8. Dem Hund in einem Napf zum Schlabbern anbieten.

Die Zutaten reichen für drei bis vier Portionen für einen mittelgroßen Hund.

Alternative

- *Sie können auch anderes Gemüse verwenden. Einfach das nehmen, was Ihr Hund gerne schnabuliert.*

Aufbewahrung

- *Reste im Kühlschrank zwei bis vier Tage zugedeckt aufbewahren, auch einfrieren ist möglich.*

Young and old

Flüssigsnacks speziell für junge und alte Hunde

DIY: Do it yourself, ein Trend, der schon lange nicht mehr nur fürs Heimwerken, Basteln, Stricken oder Nähen gilt, sondern er hat auch längst die Futterszene erreicht. Sie als Besitzer wissen beim Selberkochen und -herstellen genau, was in den Leckereien steckt und vor allem, dass sie Ihrem Liebling schmecken. Und wenn Sie die Zutaten immer mal wieder variieren, bringt dies Abwechslung in den Futternapf. Hunde-Smoothies oder Fleischeintöpfe sind aber nicht nur etwas für gesunde, topfitte Hündinnen und Rüden, sondern sie sind auch gerade auch für Welpen und Seniorhunde geeignet.

Nur gesunde Hunde sind glücklich.

Tipps für junge Hunde

Welpen machen innerhalb eines Jahres die Entwicklung durch, für die ein Mensch 15 Jahre benötigt. Große Wachstumsschübe innerhalb kurzer Zeit bei den Knochen und Muskeln benötigen eine zielgerichtete, ausgewogene Ernährung. Dies gilt nicht nur für die Hauptmahlzeiten der Welpen und Jungtiere, sondern auch für die Snacks zwischendurch. Bitte beachten: Die Futtermenge hängt immer von der Rasse, dem zu erwartenden Endgewicht, der Bewegung und dem Individuum ab. Hunde sind nämlich eine besondere Spezies, die innerhalb der Art enorm unterschiedliche Rassen aufweist: Sowohl ein 2 kg schwerer Yorkshire-Terrier als auch ein 100 kg schwerer Mastiff gehören zur Sorte Hund. Somit benötigt jeder Vierbeiner für sich eine eigene Rezeptur. Bitte gleichen Sie die vorgeschlagene Zutatenmenge immer an Ihren eigenen Liebling an. Für Welpen und Junghunde sollten Sie auf jeden Fall bevorzugt eiweißreiche Snacks mit viel Joghurt, Quark und Hüttenkäse anbieten.

Tipps für alte Hunde

Je nach Rasse und Größe beginnt der Alterungsprozess bei Hunden zwischen dem 5. und 8. Lebensjahr. Alles lässt dann nach: die Sehkraft, der Geruchssinn, die Beweglichkeit und auch die Verdauung. Bei der Fütterung sollten Sie nun noch mehr auf den Kalorien- und Fettgehalt achten. Leicht verdaulich für den Rentnermagen ist Schonkost aus gekochtem Reis und Hühnchenfleisch, Herz, Magerquark und Hüttenkäse. Mit dem Alter wird auch das Hundegebiss schlechter, und der Speichelfluss lässt nach. Wichtig ist jetzt, den Hund regelmäßig vom Tierarzt durchchecken zu lassen, sodass er in Würde altern kann. Also ohne Schmerzen und vor allem ohne Appetitlosigkeit, weil vielleicht die Zähne locker sind und das Zahnfleisch entzündet ist. Flüssige Leckereien kann die vierbeinige graue Eminenz nun perfekt auffuttern.

Hündin Louise ist jung und neugierig.

Dackeldame Berta ist schon 15 Jahre alt.

Gemüse pürieren und kochen

Hunde haben ein Raubtiergebiss, das heißt, sie haben besonders kräftige Backenzähne, auch Reißzähne genannt. Damit können sie Fleischstücke problemlos zerkleinern. Mahlende Bewegungen, so wie bei reinen Pflanzenfressern, sind fast nicht möglich. Pflanzliche Nahrung nehmen Hunde in freier Natur – vergleichbar mit den Wölfen – nur aus den Mageninhalten ihrer pflanzenfressenden Beutetiere auf.

Wenn Hunde also Gemüse fressen sollen (Gemüse, Kräuter & Co. sind wichtige Vitamin- und Mineralstofflieferanten), ist es am besten, dies zuvor zu pürieren oder zu kochen. Hinzu kommt das komplexe Verdauungssystem des Hundes. Sein Darm ist recht kurz, und im Dickdarm finden keine großen Abbauprozesse mehr statt. Somit ist es wichtig, dem Hund püriertes oder gekochtes Gemüse anzubieten. Nur dann kann er es optimal verdauen.

Fleischiger **Erbsen-Kartoffel-Drink**

Zutaten

100 *g Putenfleisch*

3 *kleine Kartoffeln*

4 *EL Erbsen*

2 *EL Leberwurst*

1 *TL Distelöl*

½ *l Leitungswasser*

Betty trinkt **regelmäßig Flüssigsnacks.**

So geht's

1. Putenfleisch in kleine Stücke schneiden.
2. Kartoffeln klein schneiden.
3. Wasser in einen Topf geben, Puten- und Kartoffelstücke sowie die Erbsen hinzufügen und ungefähr 30 Min. köcheln lassen.
4. Topf vom Herd nehmen, Leberwurst und Öl einrühren.
5. Eintopf lauwarm werden lassen und dem Hund in einer Schüssel zum Fressen anbieten.

Die Zutaten reichen für drei bis vier Portionen für einen mittelgroßen Hund.

Alternative

- *Anstatt des Putenfleischs können Sie auch andere Fleischarten, wie z. B. Rind- oder Lammfleisch, verwenden.*

Aufbewahrung

- *Reste im Kühlschrank ein bis zwei Tage zugedeckt aufbewahren, auch einfrieren ist möglich.*

Erbsen
Hier können Sie auch entweder tief gefrorene oder welche aus der Dose nehmen.

Exotische **Hühner-Bananen-Suppe**

Zutaten

10	*Hühnerherzen*
2	*Mohrrüben*
1	*Handvoll Petersilie*
½	*Banane*
2	*EL Joghurt*
2	*EL Hüttenkäse*
1	*EL Leinöl*
½	*l Leitungswasser*

Lea hilft gerne in der Küche mit.

So geht's

1. Hühnerherzen und Mohrrüben in kleine Stücke schneiden.
2. Petersilie klein hacken.
3. Wasser in einen Topf geben, Hühnerherzen- und Mohrrübenstücke sowie Petersilie hinzufügen und 10–12 Min. kochen.
4. Topf vom Herd nehmen, Fleisch-Brühe abkühlen lassen.
5. Joghurt, Hüttenkäse und Öl hinzufügen.
6. Banane mit einer Gabel zerdrücken, zur Suppe hinzufügen und unterrühren.
7. Der Hund wartet bestimmt schon darauf, davon kosten zu dürfen.

Die Zutaten reichen für drei bis vier Portionen für einen mittelgroßen Hund.

Alternative

- *Anstatt der Hühnerherzen können Sie auch Hühnerfleisch nehmen.*

Aufbewahrung

- *Reste im Kühlschrank zwei bis drei Tage zugedeckt aufbewahren, auch einfrieren ist möglich.*

Eiweißreicher **Hackfleisch-Erbsen-Eintopf**

Zutaten

250 *g Rinderhackfleisch*

4 *EL Erbsen*

1 *Ei*

2 *EL Magerquark*

2 *EL Hüttenkäse*

1 *TL Leinöl*

1 *l Leitungswasser*

So geht's

1. Wasser in einen Topf geben, Hackfleisch und Erbsen hinzufügen und 10–12 Min. kochen.
2. Topf vom Herd nehmen, abkühlen lassen.
3. Ei aufschlagen und mit dem Schneebesen einrühren.
4. Magerquark, Hüttenkäse und Öl hinzufügen.
5. Den Hund vom köstlich duftenden Eintopf probieren lassen.

Die Zutaten reichen für drei bis vier Portionen für einen mittelgroßen Hund.

Alternative

- *Anstatt des Magerquarks können Sie auch Joghurt verwenden.*

Aufbewahrung

- *Reste im Kühlschrank ein bis zwei Tage zugedeckt aufbewahren, auch einfrieren ist möglich.*

Als Belohnung

So wie die Shakes und Smoothies können Sie beispielsweise auch diesen Eintopf pürieren und dem Hund mithilfe der Futtertube als Belohnung anbieten.

Nudelige **Lammfleisch-Kräuter-Suppe**

Zutaten

100 *g Lammfleisch*

3 *EL Nudeln*

1 *Handvoll Petersilie*

1 *Handvoll Löwenzahn*

1 *Handvoll Basilikum*

1 *TL Leinöl*

1 *l Leitungswasser*

Berta steht **auf Lammfleisch mit Nudeln.**

So geht's

1. Lammfleisch in kleine Stücke schneiden.
2. Kräuter klein hacken.
3. Wasser in einen Topf geben, Lammfleischstücke, Kräuter und Nudeln hinzufügen und etwa 25 Min. kochen.
4. Vom Herd nehmen, mit dem Mixstab im Topf pürieren.
5. Öl einrühren.
6. Suppe lauwarm werden lassen und dem Hund in einer Schüssel zum Trinken anbieten.

Die Zutaten reichen für drei bis vier Portionen für einen mittelgroßen Hund.

Alternative

- *Die Kräuter können Sie gerne variieren und zum Schluss können Sie der Suppe ein paar Fleischwurststücke hinzufügen, wenn Ihr Hund es gerne bissfester mag.*

Aufbewahrung

- *Reste im Kühlschrank zwei bis drei Tage zugedeckt aufbewahren, auch einfrieren ist möglich.*

Lecker veredelt: **Dosenfutter** aufgepeppt

Eiweißreich aufgewertet

Zutaten

1	*kleine Dose Hundefutter (400 g)*
50	*g Rindfleisch*
1	*EL Hüttenkäse*
1	*EL Joghurt*
1	*Ei*
1	*TL Leinöl*

Louise liebt **Hüttenkäse und Rindfleisch.**

So geht's

1. Dosenfutter in eine Schüssel geben.
2. Rindfleisch in Stücke schneiden.
3. Hüttenkäse, Joghurt, aufgeschlagenes Ei, Fleischstücke und Öl zum Dosenfutter hinzufügen.
4. Alles miteinander vermischen und dem Hund wie gewohnt zum Fressen anbieten.

Alternative

- *Sie können auch einen Esslöffel Haferflocken hinzufügen, dann wird das Futter etwas kerniger.*
- *Wenn Sie keinen Hüttenkäse vorrätig haben, fügen Sie stattdessen Magerquark hinzu.*

Aufbewahrung

- *Restliches aufgepepptes Dosenfutter geschlossen im Kühlschrank aufbewahren und spätestens nach zwei bis drei Tagen zimmerwarm verfüttern.*

Fisch, Fisch ahoi!

Zutaten

1 *kleine Dose Hundefutter (400 g)*

1 *Scheibe Forellenfilet, naturbelassen*

1 *Scheibe geräucherter Lachs, naturbelassen*

1 *EL Joghurt*

100 *ml Leitungswasser*

Ach du dickes Ei
Wenn Ihr Hund gerne Eier frisst, können Sie gerne eins pur oder auch gekocht hinzufügen.

So geht's

1. Dosenfutter in eine Schüssel geben.
2. Forellenfilet und Lachs in kleine Stücke schneiden.
3. Fisch, Joghurt, Öl und Wasser zum Dosenfutter hinzufügen.
4. Alles miteinander vermischen und dem Hund zum Probieren anbieten.

Alternative
- *Sie können die Fischarten variieren. Probieren Sie erst einmal aus, welchen Fisch Ihr Hund pur direkt aus der Hand am liebsten frisst.*
- *Wenn Sie keinen Joghurt vorrätig haben, können Sie auch Magerquark verwenden.*

Aufbewahrung
- *Reste im Kühlschrank aufbewahren und spätestens nach zwei bis drei Tagen zimmerwarm verfüttern.*

Von **Käse** wachgeküsst

Zutaten

1	*kleine Dose Hundefutter (400 g)*
1	*dicke Scheibe Gouda-Käse*
2	*EL Hüttenkäse*
1	*TL Leinöl*
200	*ml Leitungswasser*

So geht's

1. Dosenfutter in eine Schüssel geben.
2. Gouda in kleine Stücke oder Würfel schneiden.
3. Gouda, Hüttenkäse, Öl und Wasser zum Dosenfutter hinzufügen.
4. Alles miteinander vermischen und dem Hund zum Futtern anbieten.

Alternative

- *Wenn Ihr Hund auch gerne Trockenfutter frisst, fügen Sie einfach eine Handvoll zur Gesamtmenge dazu.*

Aufbewahrung

- *Restliches aufgewertetes Dosenfutter im Kühlschrank aufbewahren und spätestens nach zwei bis drei Tagen zimmerwarm verfüttern.*

Nala frisst nur noch saftige Hundesnacks.

Spezial

Overweight and sick

Flüssigsnacks für kranke und übergewichtige Hunde

In den vorherigen Kapiteln wurde bereits erwähnt, dass sowohl sportliche als auch sehr junge – aber auch alte Hunde – von den flüssigen Leckerchen profitieren. Schmackhafte Säfte, eiweißreiche Fleischeintöpfe oder gehaltvolle Quark-Shakes sind neben den vielen trockenen Hundekeksen eine tierisch leckere und vor allem gesunde Snack-Möglichkeit. So können Sie auch kranken Vierbeinern und durchaus auch Hunden, die zu viel auf der Hüfte haben, problemlos mit dem Mixer oder dem Kochtopf eine Belohnung zubereiten. Eine einfache Alternative: Das herkömmliche Hundefutter einfach mit ein paar frischen Zutaten verbessern und gegebenenfalls mit Leitungswasser oder Joghurt strecken.

Übergewichtige Hunde

Wenn Hunde sich zu wenig bewegen, können sie extrem an Körpergewicht zulegen. Doch in manchen Fällen hat die Fettleibigkeit auch andere Ursachen. Bitte auf keinen Fall selbst eine Diät mit dem Vierbeiner beginnen, sondern zu allererst den Tierarzt aufsuchen. Sie können auch gerne mit ihm die Idee der pürierten Snacks besprechen. Er wird Ihnen wertvolle Tipps geben, was die Zutaten und deren Abstimmung auf die Erkrankung Ihres Hundes angeht. Wichtig vor allem bei adipösen Fellnasen: Auf den Fettgehalt der Zutaten achten und nie etwas Gezuckertes hinzufügen. Süßes, aber auch Gewürztes, ist für Hunde grundsätzlich tabu!

Kinderleicht nachzumachen: Flüssigsnacks für Vierbeiner.

Hündin Louise bewegt sich jeden Tag – sie ist topfit.

Kranke Hunde

Natürlich gilt auch bei kranken Hunden: Zuerst den Gang in die Tierarztpraxis einplanen! Das Positive: Gerade Tierärzte empfehlen bei Hunden, die beispielsweise unter Durchfall leiden, vor allem Feuchtfutter zu verabreichen. Denn bei solchen Erkrankungen verliert der Hundekörper sehr viel Flüssigkeit, die wieder aufgefüllt werden muss. Aber auch Hunden mit Appetitlosigkeit werden Flüssigsnacks tierärztlich geraten. Nicht zu vergessen sind abgemagerte Hunde, die wieder aufgepäppelt werden müssen oder auch Hunde, die operiert wurden.

Gesunde Zutaten wie beispielsweise Öle

Die leckeren Shakes, saftigen Eintöpfe und cremigen Fleisch-Drinks können Sie vor allem mit verschiedenen Ölen gesund aufwerten, wie z. B. mit Lein-, Fisch-, Distel- oder kaltgepresstem Olivenöl. Sie enthalten die wichtigen Omega-3- und Omega-6-Fettsäuren. Diese sind essenziell und unterstützen die Stoffwechselleistung des Körpers, insbesondere bei Fellwechsel, Hautproblemen und geriatrischen Patienten. Doch Vorsicht: Es kommt natürlich auf die Menge an, und diese richtet sich nach der Größe des Hundes. Wo ein Teelöffel Öl bei einem 2-kg-Hund schon viel zu viel ist, wäre er bei einem 80-kg-Koloss zu wenig. Auch bei übergewichtigen Fellkandidaten sollte die Menge an Öl eher gering ausfallen.

Hochwertiges Öl ist tierisch gesund.

Mit **Babynahrung** verfeinert

Zutaten

1 *kleine Dose Hundefutter (400 g)*

½ *Banane*

½ *Gläschen Babynahrung, beliebige Sorte mit Fleisch*

1 *TL Fischöl*

So geht's

1. Dosenfutter in eine Schüssel geben.
2. Banane mit einer Gabel zerdrücken.
3. Babynahrung aus dem Gläschen, die zerdrückte Banane und das Öl zum Dosenfutter hinzufügen.
4. Alles miteinander vermischen und dem Hund zum Kosten anbieten.

Alternative

- *Wenn Ihr Hund keine Bananen mag, lassen Sie diese einfach weg.*

Aufbewahrung

- *Restliches verfeinertes Dosenfutter im Kühlschrank aufbewahren und spätestens nach zwei bis drei Tagen zimmerwarm verfüttern.*

Dackel-Dame Berta ernährt sich nur noch von Flüssignahrung.

Nudel, Nudel für das Rudel

Zutaten

1	*kleine Dose Hundefutter (400 g)*
1	*Handvoll Nudeln*
50	*g Geflügelfleischwurst*
1	*EL Joghurt*
1	*TL Leinöl*
200	*ml Leitungswasser*

So geht's

1. Nudeln kochen und abkühlen lassen.
2. Fleischwurst in Stücke schneiden.
3. Dosenfutter in den Mixer geben.
4. Nudeln, Fleischwurststücke, Joghurt, Öl und Wasser zum Dosenfutter hinzufügen.
5. Alles miteinander vermixen und dem Hund in einer Futtertube zum Lecken anbieten.

Alternative

- *Sie können die Fleischwurst auch erst zum Schluss hinzufügen, also in Stücken (dann aber nicht in die Futtertube füllen).*

Aufbewahrung

- *Restliches aufgewertetes Dosenfutter im Kühlschrank aufbewahren und spätestens nach zwei bis drei Tagen zimmerwarm verfüttern.*

Zwischendurch mal **testen: das muss sein!**

Mit **Markbrühe** veredelt

Zutaten

1 *kleine Dose Hundefutter (400 g)*

Markknochen-Brühe (siehe Seite 32/33, Hälfte der angegebenen Menge)

1 *TL Distelöl*

So geht's

1. Markknochen-Brühe wie auf Seite 32/33 beschrieben herstellen und abkühlen lassen.
2. Dosenfutter in eine Schüssel geben.
3. Brühe und Öl zum Dosenfutter hinzufügen.
4. Alles miteinander vermischen und dem Hund zum Schnabulieren anbieten.

Alternative

- *Sie können auch 2 EL Haferflocken zur Gesamtmenge hinzufügen, dann wird das Futter etwas kerniger.*

Aufbewahrung

- *Restliches veredeltes Dosenfutter im Kühlschrank aufbewahren und spätestens nach zwei bis drei Tagen zimmerwarm verfüttern.*

Mit dieser Brühe kann herkömmliches Futter leicht veredelt werden.

MEHL
FLOUR
FARINE
FARINA
HARINA
FARINHA

Die **grüne Frische**

Zutaten

1	*kleine Dose Hundefutter (400 g)*
¼	*Zucchini*
1	*Handvoll Petersilie*
1	*Handvoll Kresse*
1	*TL Olivenöl*
200	*ml Leitungswasser*

So geht's

1. Dosenfutter in eine Schüssel geben.
2. Zucchini in kleine Würfel schneiden.
3. Zucchini in der Pfanne mit etwas Wasser kurz andünsten.
4. Kräuter klein hacken.
5. Zucchini, Kräuter, Öl und restliches Wasser zum Dosenfutter hinzufügen.
6. Alles miteinander vermischen und dem Hund zum Fressen geben.

Alternative

- *Sie können gerne eine Handvoll gekochte Nudeln, gekochte Kartoffeln oder auch ein paar Stücke frisches Fleisch zur Gesamtmenge hinzufügen.*
- *Sie können auch alles im Mixer cremig rühren.*

Aufbewahrung

- *Restliches aufgewertetes Dosenfutter im Kühlschrank aufbewahren und spätestens nach zwei bis drei Tagen zimmerwarm verfüttern.*

Die Zuccini wird entweder nur gewürfelt dazu gegeben oder nach dem Andünsten püriert.

Service

Dank der Autorin

Ohne die wunderbaren Hunde wäre dieses Buch nicht so schön geworden: Ich bedanke mich bei Betty, Berta, Nala und Louise. Tierisch lieben Dank auch deren Besitzern Bianca Rütter, Sarah Schiller und Kim Kurtenbach. Mit viel Geduld und Tierliebe haben wir zwei tolle Shootingtage verbracht. An diesen waren zudem die fleißigen Snack-Zubereiter beteiligt: Friederike und Lea Schoelen und Lars Göttert. Euch ebenfalls tierisch lieben Dank! Die Rezepte wurden alle von Tierärztin Dr. Katja Beyer aus Düsseldorf und Tierarzt Dr. Ralf Unna aus Köln überprüft und von zahlreichen Hunden getestet. Auch hierfür bedanke ich mich herzlich.

Über die Autorin

Valentina Kurscheid ist Fernsehjournalistin, Fotografin und Buchautorin. Sie arbeitet für das ZDF und den WDR als Redakteurin, Reporterin und Autorin und realisiert vor allem TV-Beiträge rund um das Thema Tiere. Außerdem ist sie im Tierschutz aktiv. Aufgewachsen ist sie mit fünf Hunden und vielen anderen Haustieren. Heute lebt Dackel-Dame Berta mit ihr im Haushalt. Valentina Kurscheid liebt es, Tieren immer wieder etwas selbst zu kreieren. Lecker und vor allem artgerecht, das ist ihr Motto.
Mehr über die Autorin erfahren Sie unter www.valentina-kurscheid.de

Buchtipps

- Bauer, Lina: Blitzrezepte für Hundekekse. Verlag Eugen Ulmer, Stuttgart 2013
- Fritz, Julia: Hunde barfen. Alles über Rohfütterung. Verlag Eugen Ulmer, Stuttgart 2015
- Moss, Lea: Blitzrezepte für Hundesnacks. Verlag Eugen Ulmer, Stuttgart 2014
- Zentek, Jürgen: Hunde richtig füttern. Verlag Eugen Ulmer, Stuttgart 2012

Bildnachweis

Alle Fotos im Innenteil und auf dem hinteren Umschlag stammen von Valentina Kurscheid. Titelbild: Silke Klewitz-Seemann.

Hinweis:
Die in diesem Buch enthaltenen Empfehlungen und Angaben sind von der Autorin mit größter Sorgfalt zusammengestellt und geprüft worden. Eine Garantie für die Richtigkeit der Angaben kann jedoch nicht gegeben werden. Autorin und Verlag übernehmen keinerlei Haftung für Schäden und Unfälle. Der Leser sollte bei der Anwendung der in diesem Buch enthaltenen Empfehlungen sein persönliches Urteilsvermögen einsetzen.

Impressum

Bibliografische Information der Deutschen Nationalbibliothek
Die Deutsche Nationalbibliothek verzeichnet diese Publikation in der Deutschen Nationalbibliografie; detaillierte bibliografische Daten sind im Internet über http://dnb.d-nb.de abrufbar.

Hinweis: Der Verlag Eugen Ulmer ist nicht verantwortlich für die Inhalte der im Buch genannten Websites.

Wollgrasweg 41, 70599 Stuttgart (Hohenheim)
E-Mail: info@ulmer.de
Internet: www.ulmer-verlag.de

Lektorat: Antje Krause, Kathrin Gutmann
Herstellung: Ulla Stammel
Umschlagentwurf und Innenlayout: Sojus Design, Kai Twelbeck
Satz: r&p digitale medien, Echterdingen
Reproduktion: timeRay Visualisierungen, Herrenberg
Druck und Bindung: Westermann Druck, Zwickau
Printed in Germany

ISBN 978-3-8001-0385-0

Hinweis:
Die Angaben in diesem Buch erfolgten nach bestem Wissen und Gewissen. Da die Reaktion von Hunden auf Nahrungsmittel jedoch individuell verschieden sein kann, ist darauf zu achten, ob Anzeichen für eine mögliche Unverträglichkeit auftreten.

Noch mehr selbstgemachte Leckereien für Ihren Vierbeiner:

Ob Spinatkekse, Bananensterne oder Tatar-Brötchen: Die frischen Verwöhn-Häppchen sind im Nu in den Napf gezaubert und lassen sich auch leicht an die Bedürfnisse sensibler Hunde anpassen. Inspirierende Formen und liebevolle Verpackungen, stimmungsvoll fotografiert, regen zu Eigenkreationen an – so ist Backspaß garantiert.

Blitzrezepte für Hundekekse.
Gesunde Leckereien selber backen. Lina Bauer.
2. Auflage 2013. 64 S., 60 Farbfotos, kart.
ISBN 978-3-8001-7973-2.

Unsere Blitzrezepte für selbst gemachte Hundesnacks gehen schnell, sind einfach und schmecken Hunden lecker. Was will man mehr? Hier finden Sie garantiert das passende Rezept für Hundekekse, Hundekuchen oder Hundeleckerlis. Mit hilfreichen Tipps und Tricks für die Hundesnack-Küche zur Haltbarmachung und richtigen Aufbewahrung von selbst gemachten Hundeleckerlis und vielem mehr.

Blitzrezepte für Hundesnacks. Kekse, Leckerlis und mehr. Lea Moss. 2015. 64 S., 68 Farbfotos, kart.
ISBN 978-3-8001-6973-3.

Ulmer www.ulmer.de